MALHERBE ET LAPLACE

Caen.—Imp. de F. Poisson et Fils.

MALHERBE ET LAPLACE

ou

LA FÊTE DU GÉNIE

ODE

PAR

ALPH. LE FLAGUAIS

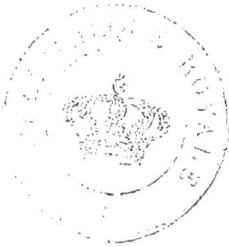

CAEN

IMPRIMERIE DE F. POISSON ET FILS
Rue Froide, 18

PARIS

DERACHE, LIBRAIRE
Rue du Bouloy, 7

1847

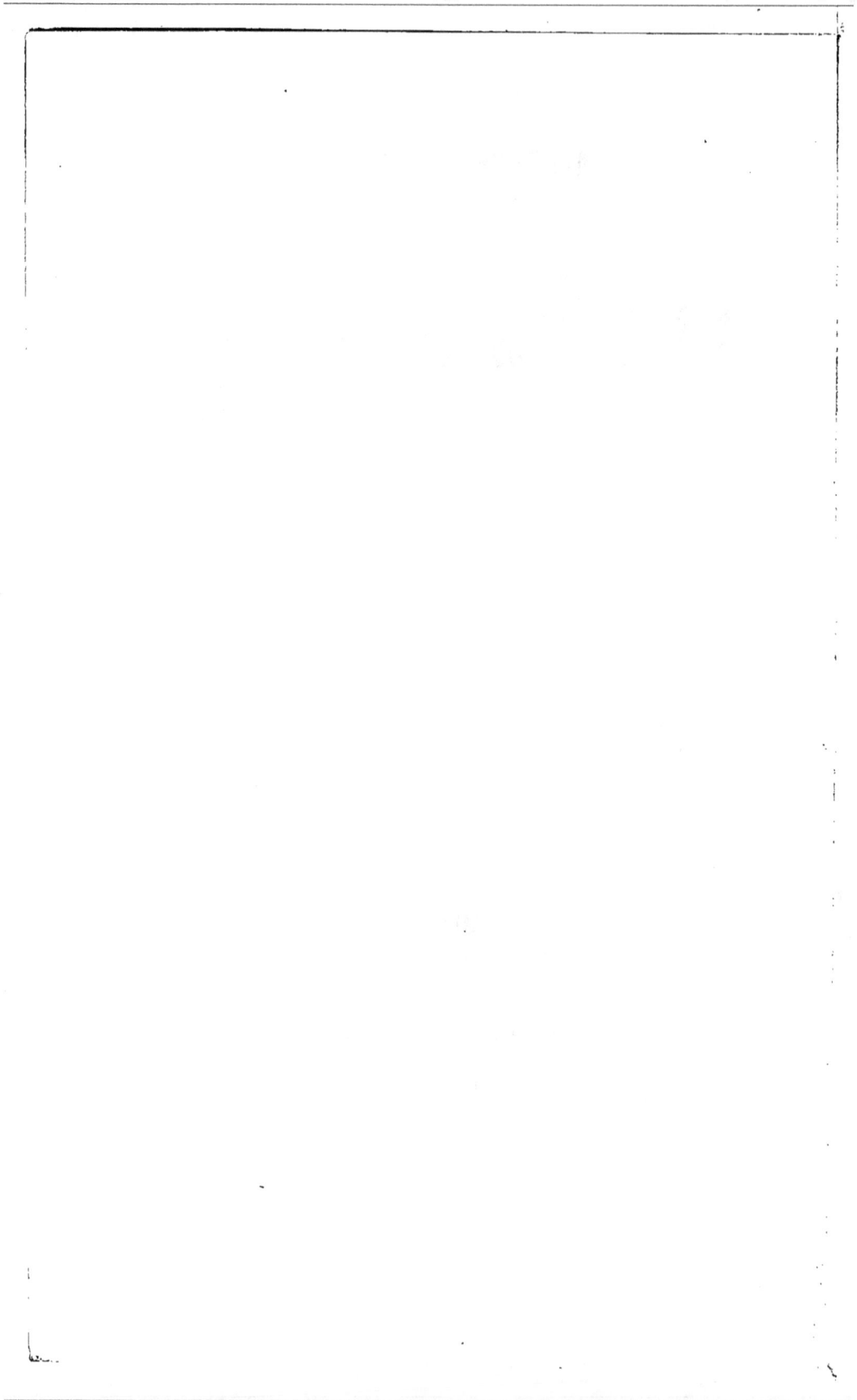

MALHERBE ET LAPLACE

OU

LA FÊTE DU GÉNIE

ODE

I.

Rayonne, étoile de la lyre,
D'un plus brillant éclat, d'un feu plus enchanteur!
Que ton influence m'inspire
L'accent d'un chant révélateur!
Globes majestueux, fleurs des célestes plaines,
Astres rois des zônes lointaines,
De plus vives splendeurs illuminez l'azur!
Chantez, chantez vous-même, et que le chœur commence;
N'êtes-vous pas aussi, dans le concert immense,
Une harmonie au rhythme pur!

Ce sont deux fils de la Neustrie,
D'une sainte auréole aujourd'hui couronnés,
Qui reçoivent dans leur patrie
La palme des prédestinés.
Tous deux ont accompli leur mission divine;
Ils n'ont pas semé la ruine,
Ils n'ont pas fait couler les larmes et le sang.
Leur destin fut meilleur, leur tâche fut plus belle:
Ils ont doté ces bords d'une gloire éternelle;
Leur pays est reconnaissant!

En vain les empires s'écroulent,
En vain tombent les rois et meurent les états,
En vain les peuples se refoulent,
Agités par les potentats :
A toutes les grandeurs, à toutes les misères,
Des Euclides et des Homères
Survivent les travaux, honorés ou proscrits.
En vain frappe le fer, aux jours d'apostasie ;
Rameau de sapience et fleur de poésie
Regerment sur tous les débris !

Sans cesse on reproche à notre âge
D'encenser le Veau d'or, ce dieu matériel ;
Et l'on dit qu'il jette l'outrage
A tout ce qui descend du ciel.
« La gloire, la vertu, ces deux radieux anges,
« Objets de nos mépris étranges,
« Ne trouvent plus, dit-on, d'asile sur nos bords ;
« Et la lyre, autrefois vibrante, harmonieuse,
« Doit, hélas ! demeurer morne et silencieuse
« Pour n'avilir point ses accords. »

Ah ! ce reproche est un mensonge !
Il reste parmi nous de sublimes amours,
Et cette fête, divin songe,
Fait taire de pareils discours.
Tout ce peuple assemblé pour offrir des hommages
A ces immortelles images,
Ce faste, ce cortége en dit plus que mes vers.
Cette éloquente voix proclamant le génie,
Ces acclamations sous la voûte infinie
Ont un écho dans l'univers !

Est-il plus sublime réponse
Aux cris accusateurs des Alcestes nouveaux?
L'airain transfiguré prononce
Le succès d'immortels travaux.
Gloire à la poésie et gloire à la science !
Ici leur auguste alliance
D'un pieux sentiment fait palpiter les cœurs.
Ces illustres Normands nous révèlent deux frères,
Et du même laurier deux rameaux tutélaires
S'inclinent sur leurs fronts vainqueurs.

Ainsi dans le ciel de la fable
Brillent d'un feu divin les enfants de Léda.
Doux trésor, bonheur véritable,
Leur amitié vous posséda !
Le sang de Jupiter qui coulait dans leurs veines
Donnait des forces surhumaines
A ceux qui vers Colchos allaient prendre l'essor.
Mais le sang de Rollon, ô Normands intrépides !
Suffisait à vos cœurs, à vos élans rapides
Pour conquérir la toison d'or !

Justice est rendue à la gloire !
Par de tels monuments un peuple est honoré.
L'avenir gardera mémoire
De ce jour deux fois consacré.
O Caen ! lève ton front parmi les cités reines :
Ce beau nom de nouvelle Athènes,
O splendide cité, ce nom, il est à toi !
A côté de Rouen ta gloire monte et brille ;
Tes héros et les siens sont de même famille,
Leurs cœurs ont eu la même foi.

Devant ces figures augustes
Courbons-nous et brûlons des parfums solennels :
Les applaudissements sont justes
Quand les héros sont immortels.
C'est la postérité qui fait taire l'envie.
Le ciseau qui donne la vie
Met un bronze debout, que n'abat point l'autan.
Mais, entre les élus la mesure s'efface ;
Oui, vous direz : Malherbe est digne de Laplace,
Et Barre est digne de Dantan !

II.

Héros que la gloire accompagne,
Malherbe s'avança triomphant sur son char :
La pensée eut son Charlemagne,
La poésie eut son César.
Aux muses de son temps, charmantes. mais rebelles,
Il imposa ses lois nouvelles
Que dictait le goût pur et la saine raison.
L'harmonie à longs flots de son âme puissante
Sortit, comme une source, au soleil jaillissante,
Sort de sa féconde prison.

Sous le ciel de la Normandie
Malherbe répandit ses chants mélodieux.
Bientôt de sa palme grandie
La cime alla toucher les cieux.
Une douleur tomba sur le cœur du poëte ;
Il quitta la douce retraite
Où son mâle génie avait brillé d'abord.
Mais l'air tiède et lascif de la Provence heureuse

Ne pouvait amollir sa fibre vigoureuse :
    Il demeura l'enfant du Nord.

    Qui mieux que lui chanta la France,
Les princes, les soldats aux périls aguerris,
    Et Médicis, et la vaillance
    Du plus généreux des Henris ?
Sa voix sublime et grave, humblement réclamée,
    Donnait aux rois la renommée ;
Car du temps destructeur il bravait les défis.
Digne de posséder une lyre et des armes,
Pour plaindre Duperrier Malherbe avait des larmes,
    Et du sang pour venger son fils !

    C'était un de ces fiers génies
Dont la terre normande est le noble berceau,
    Qui font des fleuves d'harmonies
    D'une fontaine et d'un ruisseau.
Sous le ciel poétique a grondé la tempête :
    De Ronsard la chute s'apprête,
C'est Malherbe lui seul qui le renversera.
Dans son moule divin il enfante, ô merveille !
Cette langue des Dieux que parlera Corneille
    Et que Racine chantera.

    Imitateurs, troupeau servile,
Ne vantez pas celui que vanta Despréaux ;
    Prodigues d'un encens stérile,
    De l'art vous êtes les fléaux.
Malherbe fut un chef au pas libre, aux mains fortes ;
    De Gaza saisissant les portes,
Il étendit ses droits sur toutes les hauteurs.
Vous prétendez aussi couronner et proscrire ;

Vos solennels arrêts pour oser les écrire,
Avant tout soyez novateurs.

Dans le frais jardin de la muse
Une rose nouvelle est un trésor chéri,
Mais souvent le rhéteur abuse
De ce jardin toujours fleuri.
L'école du *bon sens*, Philaminte exclusive,
Dans sa sagesse décisive
Permet à l'art d'oser, mais d'oser... prudemment ;
Et son théâtre attend quelque *Rome sauvée*,
Quelque *Agrippine* encore, avec pompe arrivée,
Mais un peu tard assurément.

Malherbe, que l'on dit *classique*,
Pour les rimeurs du temps fut un perturbateur.
Ils l'auraient nommé *romantique* :
Nous l'appelons réformateur.
Il n'alla point chercher dans la poudre latine
Ces épis vides que butine
La main des Campistrons, gardiens du feu sacré.
De la Grèce et de Rome il savait les richesses,
Mais il aimait la France, et toutes ses tendresses
Étaient pour son sol adoré.

Quand le poëte eut fait son œuvre,
Rassasié d'encens et lassé de la cour,
Il fut envieux du manœuvre
Qui repose à la fin du jour.
Dans un hymne trempé d'harmonie et de flamme
Au Seigneur il remit son âme,
Et chez ce roi des rois il chercha son appui.
Et l'on dit qu'en mourant il tournait son visage

Vers l'Orne bien aimée et le natal rivage
    Où surgit son trône aujourd'hui.

    Je veux orner son diadême ;
Eh ! que dirais-je après La Fontaine et Rousseau,
    Après Chénier qui mit lui-même
    A sa gloire le divin sceau ?
Ce vaillant précurseur du siècle des prodiges,
    De dix lauriers planta les tiges,
Et posa les degrés du temple de Louis ;
Il ne prépara point de route aventureuse
A ces aigles futurs, pléïade lumineuse
    Dont nos regards sont éblouis !

    A son retour dans sa patrie,
Il rencontre un rival de Keppler, de Newton,
    Partageant cette idolâtrie
    Dont on accueille son grand nom.
Frères par le génie, à leur loi souveraine
    Obéit un double domaine ;
Ils s'abordent ici comme deux conquérants.
Princes de la science et de la poésie,
Leur cœur ne connaît pas l'amère jalousie ;
    Ils sont glorieux, ils sont grands !

III.

    Laplace au sein de l'empirée
S'éleva hardiment comme un esprit des cieux,
    Et son âme fut éclairée
    Par tous les mondes radieux.
Les célestes ressorts, il osa les décrire ;

Au livre éternel il sut lire
Les leçons du génie et les décrets de Dieu.
Des champs de l'infini possesseur légitime,
Comme un apôtre saint que le devoir anime
　Et qui cède au plus noble vœu !

　Il avait reçu la naissance
Sous le chaume indigent d'un obscur villageois ;
　Et la gloire, dès son enfance,
　Le trouva digne de son choix.
Ce n'était point assez qu'une frêle guirlande
　Pour ce large front qui demande
Le rayon éclatant, parure des élus.
Voyez : il monte, il plane, esprit vaste et sublime,
Comme un vivant soleil il éclaire l'abîme....
　Les cieux ne s'obscurciront plus !

　Partez sur la foi des étoiles,
Heureux navigateurs, les sillons sont ouverts !
　Dans la nuit déployez vos voiles :
　Voguez sans craindre les revers !
L'astronome fidèle a prévu toutes choses ;
　Il dit les effets et les causes
De ces grands mouvements par son œil calculés.
Comme un nouvel archange, il connaît ces planètes,
Ces astres, sable d'or, ces errantes comètes
　Dont les espaces sont peuplés.

　Non loin du nom de Pythagore,
Mystérieux rêveur, admirable insensé
　Dont les beaux rêves sont encore
　Le couronnement du passé,
Près des noms de Pascal, d'Euler, de Galilée,

Au sein de la sphère étoilée
Laplace en traits de flamme alla graver le sien.
Entre le Créateur voilé de ses nuages
Et l'humble nautonnier voguant sous les orages,
 Il rattacha le grand lien.

 Cette retraite fortunée,
Ces murs intelligents ont vu jeune écolier
 Celui qui fit sa destinée,
 Et fut l'ami de Lavoisier.
Des jeux et des plaisirs fuyant la turbulence,
 Il étudiait en silence :
L'échelle de Jacob s'offrit devant ses pas ;
Et les globes roulant dans la sphère suprême
Qui n'avaient écouté que l'ordre de Dieu même,
 Obéirent à son compas !

 C'en est fait, des mains indécises
A de trop vains labeurs ne se lasseront plus ;
 Il a tracé des lois précises
 Et des systèmes absolus.
Napoléon l'appelle aux splendeurs de l'empire ;
 Ah ! s'il l'aime, c'est qu'il l'admire.
L'œil du grand capitaine a cherché son regard.
Ils se sont rencontrés sur la route immortelle ;
L'empereur au savant demande une étincelle
 Pour l'aigle de son étendard !

 Par les souverains de la France
Laplace fut fêté jusqu'au soir de ses ans.
 Il garda sa noble assurance,
 Eux seuls étaient les courtisans.
L'univers proclamait ses nombreuses conquêtes.

La mort le prit au sein des fêtes....
Plus heureux que Malherbe, il laisse un héritier !
Et n'entendez-vous pas monter de sphère en sphère,
Jusqu'à la jeune étoile annoncée à la terre,
L'écho du nom de Leverrier !

IV.

Quelle province est plus féconde
En esprits créateurs, en glorieux mortels !
A ces passagers de ce monde
L'avenir dresse des autels.
Et voyez-vous surgir autour de ces statues
D'un signe sacré revêtues,
Ces ombres de héros, de poëtes, de rois ?
Roger, Richard, Guillaume, est-il plus beau théâtre !
Huet, Varignon, Segrais, Vauquelin, Malfillâtre
Sont ressuscités.... Je les vois !

Ils viennent tous faire cortége
A Malherbe, à Laplace, et fêter ce grand jour ;
Car l'admiration protége !
L'enthousiasme est un amour !
Un prodige a rendu ces images vivantes :
Tout ce peuple aux vagues mouvantes
A de Pygmalion l'amour et le désir.
Il est artiste aussi : son âme transportée
A compris que la gloire est une Galatée
Que la mort ne peut plus saisir !

Eternels héritiers des âges,
Demeurez parmi nous et décorez nos murs !

Aux jours présents soyez les gages
De la moisson des jours futurs!
Les enfants studieux lèveront leurs paupières
Vers vous dont les vives lumières
Féconderont leur âme émue à votre aspect;
Et l'étranger ravi, s'arrêtant dans sa course,
Avec des souvenirs dont vous serez la source,
Repartira, plein de respect!

Oui, la postérité fidèle
Décerne aux demi-dieux le bandeau triomphal.
Ils sont comme un puissant modèle,
Comme un orgueil national!
Si de quelques erreurs on l'accusait encore,
Un siècle lui-même s'honore
Quand il offre un tel culte et brûle d'un tel feu.
Les hommages pieux que l'on rend aux grands hommes
Prouvent ce qu'ils étaient et disent qui nous sommes....
Croire au génie est croire à Dieu!

1847.